認識香港系列

香港傳統習俗故事 2

鄧子健 圖 / 文

新雅文化事業有限公司
www.sunya.com.hk

認識香港系列

香港傳統習俗故事②（增訂版）

圖　　文：鄧子健

責任編輯：甄艷慈、黃婉冰

美術設計：李成宇、陳雅琳

出　　版：新雅文化事業有限公司

香港英皇道499號北角工業大廈18樓

電話：（852）2138 7998

傳真：（852）2597 4003

網址：http://www.sunya.com.hk

電郵：marketing@sunya.com.hk

發　　行：香港聯合書刊物流有限公司

香港荃灣德士古道220-248號荃灣工業中心16樓

電話：（852）2150 2100　傳真：（852）2407 3062

電郵：info@suplogistics.com.hk

印　　刷：中華商務彩色印刷有限公司

香港新界大埔汀麗路36號

版　　次：二〇一六年七月初版

二〇二四年六月第四次印刷

ISBN: 978-962-08-6544-2

18/F, North Point Industrial Building, 499 King's Road, Hong Kong

Published in Hong Kong SAR, China

Printed in China

鳴謝：長洲太平清醮相片由Ricky Wong 提供。

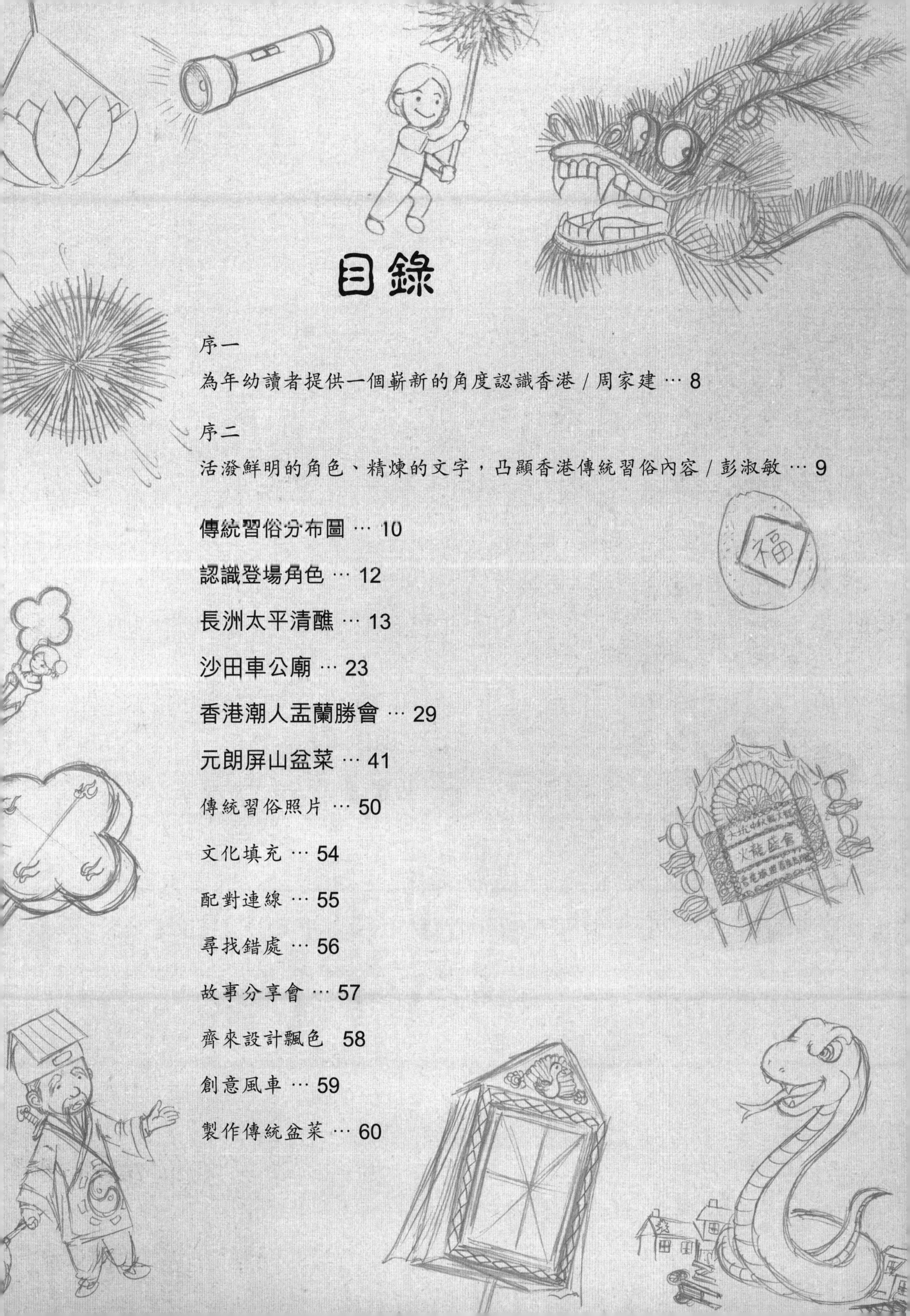

目錄

序一

為年幼讀者提供一個嶄新的角度認識香港 / 周家建 … 8

序二

活潑鮮明的角色、精煉的文字，凸顯香港傳統習俗內容 / 彭淑敏 … 9

傳統習俗分布圖 … 10

認識登場角色 … 12

長洲太平清醮 … 13

沙田車公廟 … 23

香港潮人盂蘭勝會 … 29

元朗屏山盆菜 … 41

傳統習俗照片 … 50

文化填充 … 54

配對連線 … 55

尋找錯處 … 56

故事分享會 … 57

齊來設計飄色 58

創意風車 … 59

製作傳統盆菜 … 60

序一 為年幼讀者提供一個嶄新的角度認識香港

香港位於珠江河口，有着豐富的民俗文化內涵，當中包括成功列入第三批國家級非物質文化遺產名錄的長洲太平清醮、大澳端午龍舟遊涌、大坑舞火龍和香港潮人盂蘭勝會。以上四個項目，皆屬於聯合國教科文組織《保護非物質文化遺產公約》中的「社會實踐、儀式、節慶活動」類別。

四個項目有着不同的起源，但都帶有濃烈的地方色彩，背後亦蘊藏着深層的意義，例如盂蘭勝會提倡的「孝道」，長洲太平清醮、大澳端午龍舟遊涌、大坑舞火龍體現出的「凝聚居民歸屬感」。各項目均帶着薪火相傳的信念，如兒童參與長洲太平清醮內的「飄色」巡遊，以及年青一輩學習大坑的火龍紮作等等。以上種種，不單傳統工藝和社區融和得到重視，更可視之為一個社會傳統文化的延續。

展現非物質文化遺產，可透過不同途徑，當中「繪本」便是一個嶄新的嘗試。透過閱讀，不單培養愛看書、愛讀書的文化習性，更可從文字和圖畫裏學習思考和得到啟發。「繪本」有別於課本，圖畫的比例比其他類書多。經由圖像喚起特定的情景、特定的語言與對話，圖文並茂地營造出完美的故事。繪本對兒童成長，有着深重的意義。圖畫書是兒童認知世界的第一種「載體」，透過內容豐富的圖畫書擴闊視野和認知範圍，從而培養出他們的探索精神。經過探索，就能培養主動學習的動力，從而啟發出獨立思考，強化他們對社會的認知。此外，兒童從小接受傳統文化的薰陶，在認識非物質文化遺產的同時，能放眼世界，認識本土文化和關懷社會，增強他們對香港的歸屬感。

家長與兒童一起閱讀，是一項有益及有意義的親子活動。透過書本上的知識，附以親身觀察或參與以上四個「非遺」項目的活動，更可取得相得益彰的效果。

此繪本以香港的國家級非物質文化遺產為題材，深入淺出地探索各項目的來由和特色，期望此書為年幼讀者提供一個嶄新的角度認識香港。

周家建博士
香港大學中文學院研究助理

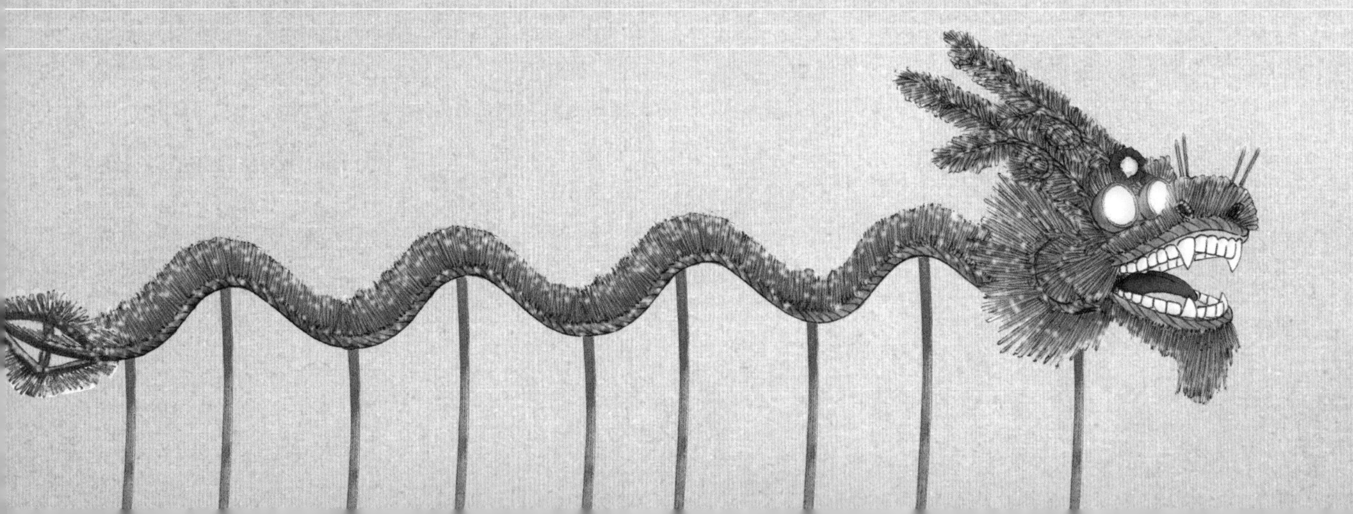

活潑鮮明的角色、精煉的文字，凸顯香港傳統習俗內容

香港創意藝術會會長鄧子健先生的兒童繪本《香港傳統習俗故事》，從藝術創作的專業角度出發，以初小學生為對象，運用活潑鮮明的角色設定，凸顯八項香港非物質文化遺產的歷史沿革和主要內容，包括於2011年成功列入第三批國家級非物質文化遺產名錄的長洲太平清醮、大澳端午龍舟遊涌、大坑舞火龍和香港潮人盂蘭勝會，以及鵝頸橋打小人、大埔林村許願樹、元朗屏山盆菜和沙田車公廟等，也反映了對香港地區歷史文化的重視。

本書能寓教育於娛樂，由繪本色彩斑斕的圖畫及精煉的文字構成故事性的描述，小讀者可直接掌握本土非物質文化遺產的主要特徵，以及相關的歷史文化價值，閱讀這書已是一種樂趣。再者，本書透過藝術創作傳遞社會責任，引導小讀者從身邊的事例出發，關注保護非物質文化遺產的國際性議題，教育意義深遠。

本書的一大特色乃能關注這些非物質文化遺產當中的人際關係。繪本中的故事角色擁有鮮明的人物性格，不少的描述也重視人與人之間的生活聯繫，帶着真摯的情感，能引導小讀者掌握歷史文化中的人、情、事，對於他們的成長來説，也是非常重要的。同時，繪本具體反映了非物質文化產生的時代背景，更擴闊至探討本地的傳統信仰與生活習俗的傳承，當中涉及表演藝術、社會實踐、儀式、節慶活動、口頭傳説和表現形式、傳統手工藝及有關自然界和宇宙的知識與實踐，着重保護、推廣和承傳這些文化遺產，為香港保留了不少的集體回憶。

彭淑敏博士

香港樹仁大學歷史系高級講師

大澳
遊涌
端午

傳統習俗分布圖
元朗屏山
盆菜
大嶼山
大澳端午
龍舟遊涌
長洲
太平

大埔林村
許願樹
新界
沙田車公廟
九龍
香港潮人
盂蘭勝會
盂蘭勝會
大坑舞火龍
大坑
火龍
鵝頸橋
打小人
港島

認識登場角色：

大頭佛
天生好奇，會和獅子頭出現於香港的大小節慶，帶我們去認識香港的傳統習俗。

獅子頭
喜歡探索，會和大頭佛出現於香港的大小節慶，帶我們去認識香港的傳統習俗。

悟空
活潑頑皮，飄色中的人物。

平安包
心地善良，希望人人平安健康。

紙紮女僕
熟悉中國傳統文化的紙紮女孩。

紙紮男僕
熟悉中國傳統文化的紙紮男孩。

鄧伯伯
住在元朗屏山圍村，喜歡烹飪。

小嵐
鄧伯伯的孫女，熱愛傳統習俗文化。

長洲太平清醮

2011年被列入第三批
國家級非物質文化遺產名錄

這天，獅子頭和大頭佛來到長洲，參加太平清醮（音照）。

長洲街坊福利會
恭祝
風調雨順 國泰民安
太平清醮
太平清醮
長洲平安
太平清醮
獅子頭，你看，
街上很熱鬧啊！

平安
平安

平安
嘩！那些小朋友為什麼可以在空中飄浮的？
你好！我叫悟空。因為我們懂法術，所以可以在天空中飛行。

（特製鋼架）

別聽他胡説，其實他們是坐在一個用鋼筋特別製造的鋼架上。他們會扮演一些歷史人物或政治人物，這個活動叫飄色巡遊。

我是平安包，讓我來介紹一下太平清醮吧！清朝時，長洲發生嚴重瘟疫，有很多村民死亡。
村民們便到北帝廟祈福。他們得到北帝指示，延請高僧設壇拜祭，超渡*亡靈*，瘟疫果然消失了。以後便每年舉行太平清醮來祈福。
北帝廟

＊超渡：原指超越渡過。在佛教或道教中指唸經使鬼魂脫離苦難。
＊亡靈：指去世的人。

節日期間，村民們會製作像我這樣子的太平包給大家食用，祈求平安。

玉虛宮
肅靜
迴避
肅靜
迴避
12

人們會在北帝廟*前舉行搶包山比賽。這個包山是一座用鋼筋搭成的高塔，上面掛滿平安包，由12位參賽者參加搶包山比賽。

*北帝廟：長洲北帝廟又叫長洲玉虛宮。

參賽者必須在3分鐘內爬上包山搶包子及返回地面。包子山的包子分3層，最上層的分數最高，最下層的最低分。分數最高的參賽者便會成為冠軍。
10

大會還舉辦一些傳統的祭祀活動。下面這三個用紙紥製成的巨大神像，就是供人們拜祭時用的，還有道士為亡靈誦經。

山神
大士王
土地公

噢，明白了，原來太平清醮的含義是這麼豐富的。

大家快些來長洲參加太平清醮活動吧！

沙田車公廟

農曆新年是中國最重要的傳統節日，大家見面時都會互相祝賀。

大頭佛，祝你新年進步，龍馬精神。
農曆新年除了拜年外，還有什麼好玩的？

可以去沙田
拜車公廟。

車公廟有什麼典
故嗎？

有啊！年初三，是赤口*日，相傳
這天容易與人爭執，所以為了避
免和別人爭吵，人們都不會向親
友拜年，而是到寺廟拜神。

*赤口：民間傳説中一種專門負責打鬥訴訟的惡神。

農曆年初二是車公誕，所以很多人會在年初二或年初三到沙田參拜車公廟。

車公廟

人們拜完車公後，會轉一轉車公像旁邊的銅製風車、打鼓祈福，還購買五顏六色的風車回家，祈求好運。

嘩！好宏偉的
車公像。他是
什麼人呢？

南宋

傳說車公是宋朝一位大元帥。南宋末年，宋帝昺（音丙）南下避難，他一直護駕到香港，並駐守西貢。他忠貞英勇，愛護村民，因此他逝世後，村民在西貢蠔涌建廟供奉他。明朝時，沙田區的村民相信車公能保佑他們免受洪水瘟疫之患，所以就蓋了這座廟，至今已經有300多年歷史了。

原來如此！好，我也要買一個風車回家轉轉運！

盂蘭勝會
香港潮人
盂蘭勝會
2011年被列入第三批
國家級非物質文化遺產名錄

農曆七月的一個晚上，大頭佛和獅子頭來到街上散步。
街上好熱鬧啊！今天是什麼節慶日子呢？
是啊！為什麼他們會在街上燒烤？

酬謝恩神
天地父母
中元節慶
風調雨順
盂蘭盆會
潮洲公會
大頭佛，你們誤會了，今天是農曆七月十四日，人們正在燒街衣。

農曆七月十四日是廣東盂蘭節。起源是佛陀*有位弟子名叫目連，他用法術看到死去的母親在地獄變成了餓鬼。

*佛陀：佛教創始者釋迦牟尼。

目連知道後十分傷心，就運用法力將飯菜拿給母親食用，可是飯菜一到母親口邊就化為火炭。

於是目連便向
佛陀求救。

你必須在七月十五日時，把
百味五果*放在盆中，供養
十方僧人，這樣你母親便可
以得救了。

*百味五果：指桃、梨、椰子、栗子、菱角等五大種類的水果。

目連依照佛陀所說
的去做，母親果然
脫離苦難了。

這就是盂蘭勝會的來源。「盂蘭」是梵文「Ullambana」的音譯，意思是救渡亡魂倒懸之苦；「勝會」是指一大羣人舉行活動的意思。

從此之後，人們便在盂蘭節祭祖，以及祭祀孤魂野鬼。祭祀的方法除了燒香外，還會燒一些紙紮祭品，就好像我們這些紙紮公仔，也是祭品之一。香港潮人盂蘭勝會於農曆七月初一起舉行，直至七月底結束，至今已有一百多年歷史了。

酒
嘩，時間真長。那麼燒街衣有什麼祭品要準備呢？
燒街衣祭品有很多種類，讓我來介紹一下吧！

燒街衣時，通常會預備燒酒、豆腐、龍眼、生果、白飯、芽菜、花生等食物。

豆腐
燒酒
酒
酒
龍眼
生果
白飯
花生
芽菜

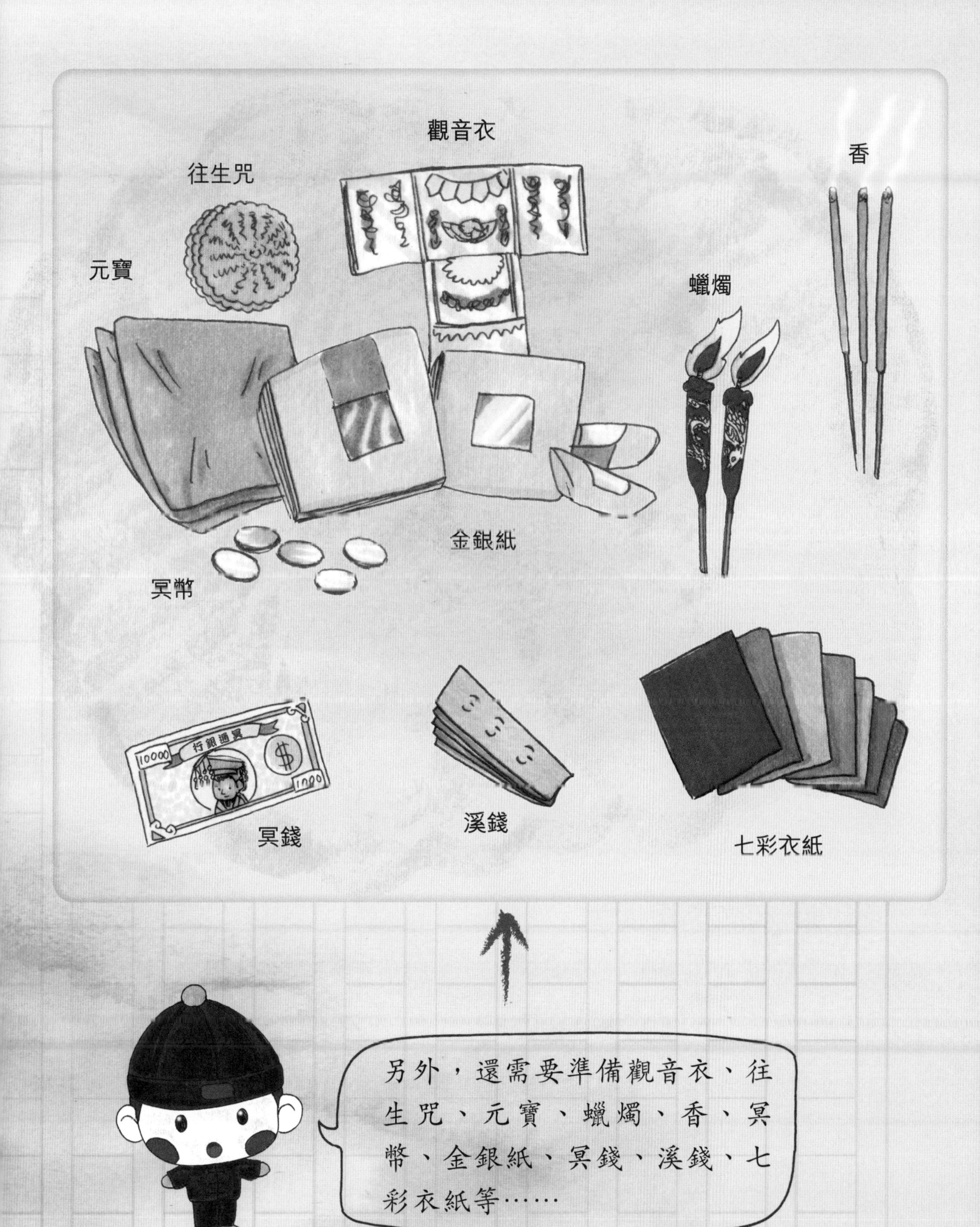
觀音衣
香
往生咒
元寶
蠟燭
金銀紙
冥幣
冥錢
溪錢
七彩衣紙
另外，還需要準備觀音衣、往生咒、元寶、蠟燭、香、冥幣、金銀紙、冥錢、溪錢、七彩衣紙等……

蘭勝會神功戲
有一些盂蘭勝會，在傳統上會做一些神功戲給靈界*的朋友觀看，象徵人鬼同樂。

*靈界：指人去世後靈魂所在的地方，如人們常說的天堂和地獄。

這個我知道呀！盂蘭會上還會供奉大士王，引導鬼魂返回陰間*。
大士王

* 陰間：是神話和宗教中的説法，指人去世之後居住的世界。

盂蘭勝會
還會掛滿七級浮屠*，邀請僧人唸經，超渡亡靈。
啊，我明白了！了解盂蘭節的起源後，我就不會再覺得盂蘭節可怕了。

* 七級浮屠：浮屠即是佛塔，七級浮屠指的是七層佛塔。在佛教中，七層的佛塔是最高等級的佛塔，功德最大。

元朗屏山盆菜

這一天，大頭佛和獅子頭帶着他們一路上認識的朋友，一同到元朗屏山吃盆菜。

嘩！有很多美食呀！

鄧氏宗祠
屏山傳統盆菜
大家好！我是鄧伯伯，是鄧氏的後人。在未開席*前我考考你們對盆菜的認識吧！你們知道什麼是盆菜嗎？

*開席：指入座飲酒吃菜。

鄧氏宗祠
張世傑
陸秀夫
宋帝昺
文天祥
?
讓我來解答吧！我是鄧伯伯的孫女小嵐。在南宋末年，元朝軍隊南下，宋帝昺和大臣陸秀夫、張世傑、文天祥等人逃難到香港。

當他們逃到元朗時，得到村民的幫助和招待。但在倉猝之間，村民們找不到足夠的器皿盛載食物，只好用木盆把村中最好的菜餚放在一起，供宋帝昺享用，後來發展成今天的盆菜。

酒

盆菜的食材五花八門，
種類非常多，例如有：

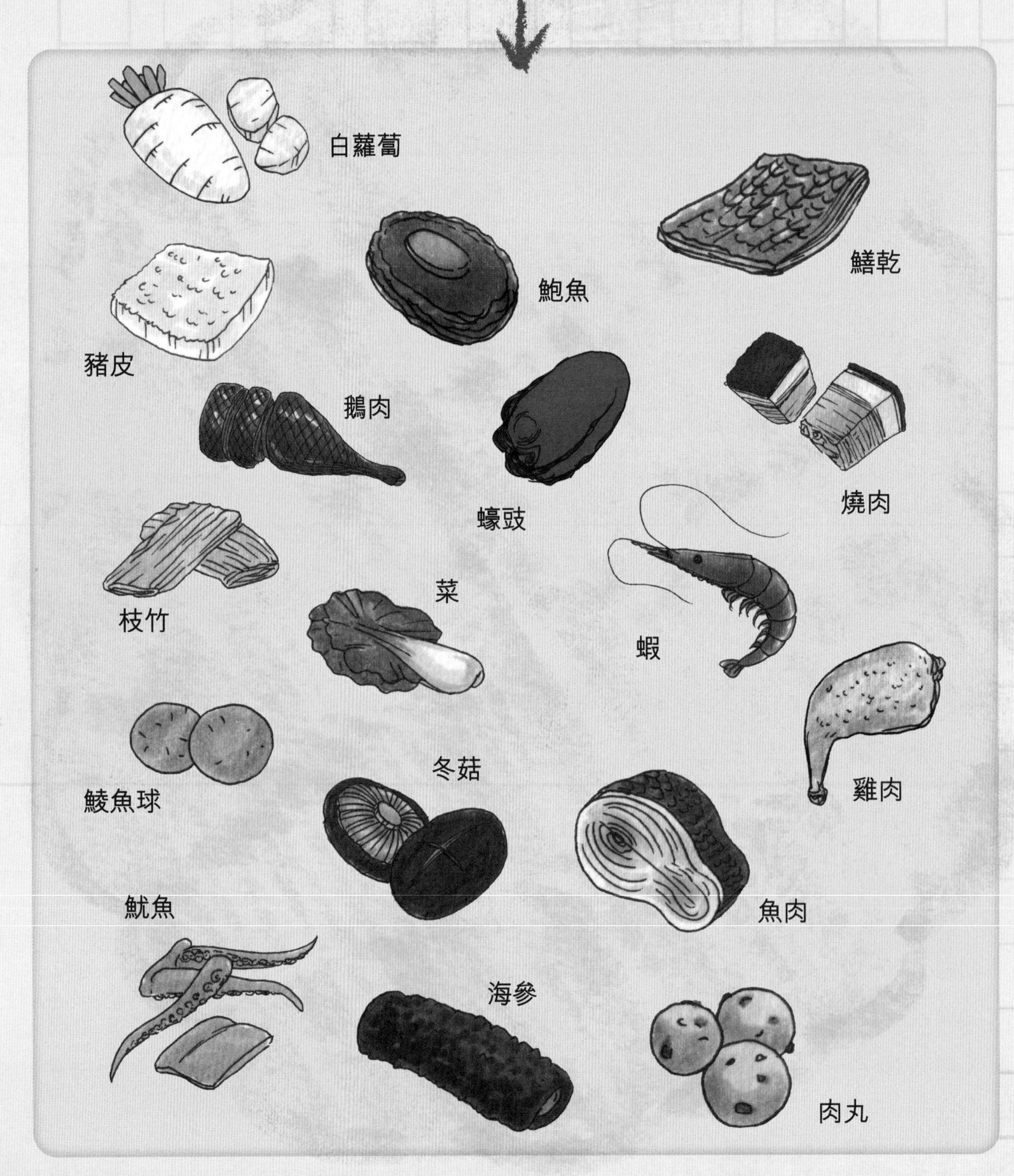

白蘿蔔
鱔乾
鮑魚
豬皮
鵝肉
蠔豉
燒肉
枝竹
菜
蝦
鯪魚球
冬菇
雞肉
魷魚
魚肉
海參
肉丸

經過廚師的精心烹調後，食材會以價值來分層擺放。越貴的食材，如雞、鮑魚蠔豉、蝦等就放在最上層；較便宜的、最易吸收餚汁的材料，如白蘿蔔、青菜等通常就放在下面。

鄧氏宗祠
王
願望成真

明白了。聽完故事，現在我們一起來分享這些美味的傳統盆菜吧！

傳統習俗照片

小朋友，看完故事後，我們再來看看照片吧！你也可以請爸媽帶你去看這些習俗喲！

台境千祈萬禱問天求二字平安
香港賽馬會慈善信託基金
The Hong Kong Jockey Club Charities Trust
BLUE GIRL
恭祝玄天上帝

這是長洲太平清醮。

平安

這是沙田車公廟。
車公殿

● 為酬謝神恩及祈福而上演的神功戲

這是香港潮人
盂蘭勝會。

這是元朗屏山盆菜。

酒

● 每逢喜慶，例如新年，元朗都會有舞獅助慶，並設置盆菜宴

文化填充

聽完故事，現在讓
我考考大家啦！

1. 太平清醮在 ____ ____ 舉行，是為了超渡 ____ ____。

2. ____ ____ 是太平清醮最著名的表演項目之一。

3. 搶包山活動會在長洲 ____ ____ 廟前的空地舉行。

4. 包山旁邊每年都會擺放巨型 ____ ____ ____ 、____ ____ 及 ____ ____ ____ 紙紮神像，供市民拜祭。

5. 農曆年初三是 ____ ____日，大家會減少外出拜年，以免爭吵。

6. 車公廟位於新界的 ____ ____ 區。

7. 廣東的盂蘭節在農曆七月 ____ ____ 日舉行。

8. 盂蘭節期間，市民會在街上 ____ ____ ____。

9. 盆菜是元朗 ____ ____ 著名特色之一。

10. 盆菜的起源和南宋末年皇帝 ____ ____ ____ 有關。

答案：1.長洲、亡靈　2.飄色　3.北帝　4.大士王、山神、土地公　5.赤口　6.沙田　7.十四　8.燒街衣　9.屏山　10.宋帝昺

配對連線

請大家試試把正確的圖畫和名稱連起來。

1.  ● ● a. 風車

2.  ● ● b. 拜年

3.  ● ● c. 神功戲棚

4.  ● ● d. 平安包

5.  ● ● e. 盆菜

答案：1.d 2.c 3.e 4.a 5.b

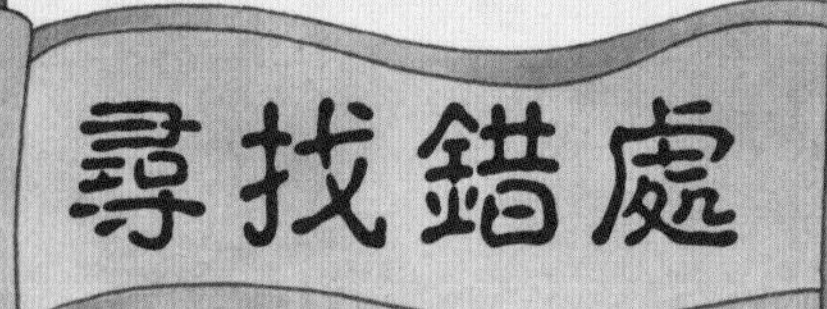
尋找錯處

下圖是長洲太平清醮活動，請把錯誤出現的物品用筆圈出來。

宮虛玉
肅靜
迴避
長洲街坊福利會
恭祝
風調雨順 國泰民安
太平清醮
太平清醮
長洲平安
太平清醮
平安
平安
平安
大澳
遊涌
午端

答案請見第59頁。

故事分享會

吃完盆菜後，大頭佛和獅子頭邀請新認識的小嵐來一起分享他們這次遊歷香港傳統習俗的體會。

大頭佛，這次遊歷讓你感受最大的是哪些傳統習俗呢？

是長洲太平清醮和潮人盂蘭勝會。我不但認識了一些宗教用語和這些習俗的一些知識，還領略到這些習俗帶來的傳統品德教育。

請你説來聽聽。

我覺得這些習俗的背後深藏着中國人的傳統思想和文化涵義。例如：祭祀去世的人，是給在生的人一個心靈安慰；祭祀祖先，是教人要孝敬父母，善待親人；祭祀無助野魂，是基於人間之愛心及同情心，教人須積德行善，功德無量。總的來説，是教人感恩和多做善事。

説得好。

我知道這些傳統習俗有四項於2011年被列入第三批國家級非物質文化遺產名錄呢！

我們一定要好好保護這些有意義的傳統文化習俗啊！

齊來設計飄色

小朋友，你想扮演哪兩個飄色人物？請畫出來並填上顏色。

創意風車

小朋友，請發揮你的創意，給下面的風車加上漂亮的圖案，並填上顏色。

第56頁「尋找錯處」答案：

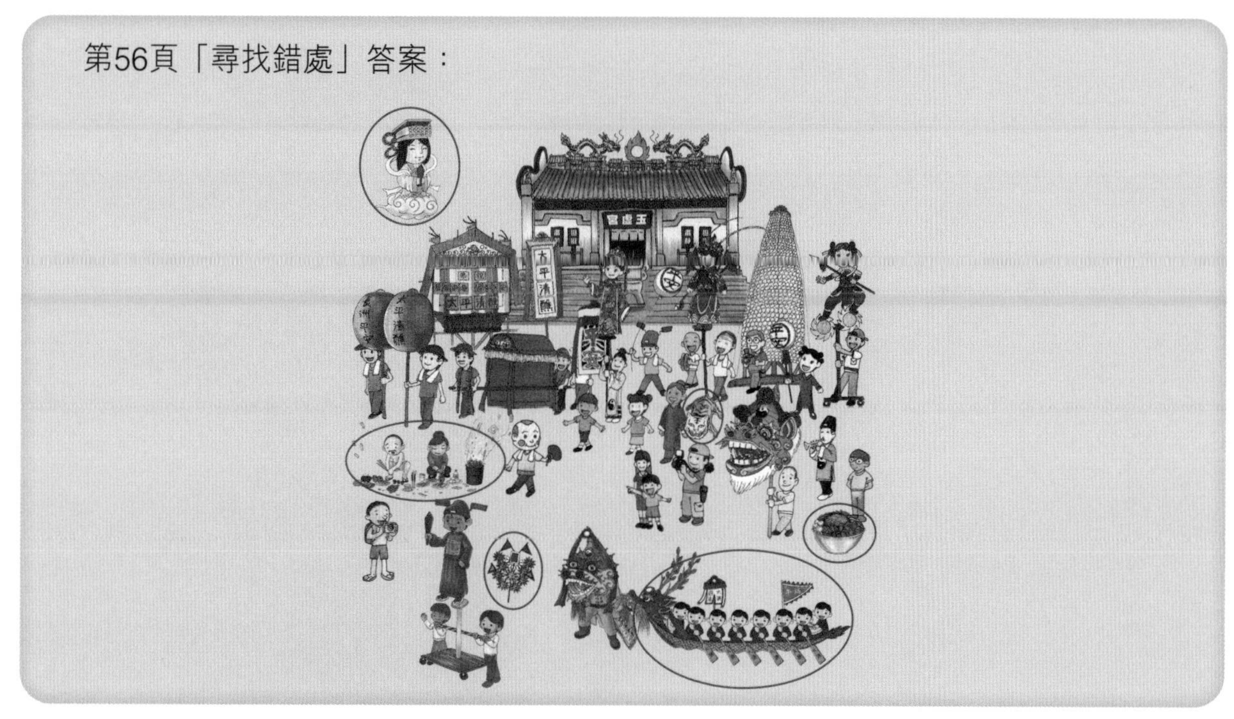

製作傳統盆菜

小朋友，你知道傳統盆菜有什麼食材嗎？找找看，把代表它們的數字寫在盆內。

1. 鵝肉
2. 蔬菜
3. 蝦
4. 雞肉
5. 泡菜
6. 肉丸
7. 奶黃包
8. 海參
9. 魚肉
10. 蠔豉
11. 壽司
12. 冬菇
13. 蘋果批
14. 燒肉
15. 貢丸
16. 鮑魚
17. 魷魚
18. 鱔乾
19. 豬皮
20. 蘿蔔
21. 枝竹

答案：1, 2, 3, 4, 6, 8, 9, 10, 12, 14, 15, 16, 17, 18, 19, 20, 21

作者
簡介

鄧子健

1980 年生於香港，2006 年成立藝術團體香港創意藝術會並出任會長至今，韓國文化藝術研究會營運幹事，韓中日文化協力委員會成員，香港青年藝術創作協會主席，Brother System Studio Co. 總監。

畢業於英國新特蘭大學平面設計系榮譽學士，香港大一藝術設計學院電腦插圖高級文憑課程，香港中文大學專業進修學院幼兒活動導師文憑。曾於韓國及中國多個地區，包括台灣、澳門、香港舉行個人畫展。

撰寫和繪畫作品包括：《中華傳統節日圖解小百科》系列、《香港傳統習俗故事》系列、《世界奇趣節慶》系列和《漫遊世界文化遺產》；繪畫作品包括：《五感識香港》和《橋相連，心相接：給孩子的香港故事》。

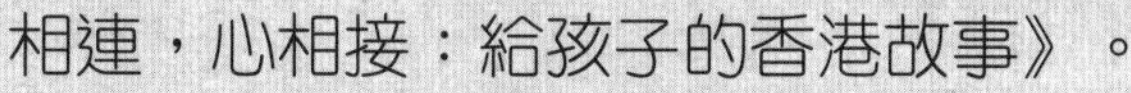